Asesorías en Libritos

Javier Martzé

Asesorías en Libritos, presenta:

¡Profe...!
¿RESOLVÍ BIEN LA ECUACIÓN?

ECUACIONES e INECUACIONES

CÓMO COMPROBAR SU CORRECTA SOLUCIÓN

Con yo, tu querido profesor...
¡Cuello si no estudias!

Profesor invitado:

Severo Verdugo De Santos

1ª Edición

Estudiante:

"Ecuaciones e Inecuaciones" pudiera ser el nombre adecuado para este librito, pero no se te enseña a resolver ninguna de estas "especies" matemáticas; como idea central sólo se pretende que aprendas a comprobar si la solución de una ecuación o de una inecuación es correcta o incorrecta. Es decir, que tengas una herramienta que, cuando ya sepas resolver estos sistemas y tengas su solución, la utilices para tener certeza de si lo que resolviste está correcto; y si no está correcto, de inmediato puedas revisar y luego corregir. Sólo piensa lo útil que sería esta herramienta en una sesión de examen. Al terminar de leer este librito quizá te deje la idea de que se debió haber explicado sin tanto "rollo". Piensa que no todos los estudiantes de este mundo buscan esa exclusividad, sino que también quieren una explicación; sin embargo sí se te explica la "receta" (si despectivamente le decimos así) con ejemplos como tu obligación de extraerlos como apunte o resumen y resolver los que tienen el encabezado AHORA TÚ, para que apliques la "receta" y...para que ya resueltos por ti, confirmes la solución con tu Profesor en caso de extrema necesidad de eliminar dudas.

La otra intención de este librito es brindarte una asesoría en el caso de que tu escuela no contemple un programa formal de asesorías de matemáticas. Entonces mi guillotinable y santo alumno, yo, tu querido profesor espero que te sirva esta lección, la estudies con entusiasmo y... si no, si no estudias, ya sabes... ¡ cruiiic, cuello !

Atentamente:

Severo Verdugo De Santos

Profesor:

Tienes en tus manos un material educativo alejado de la seriedad o formalidad que presenta cualquier libro. No lo enjuicies por eso, sino por lo que te pudiera servir en tu clase; y si esta petición se nota muy arrogante, es por quizá el estar usurpando el rol de escritor y luego inconsciente creer ser uno de ellos, además por la intención de querer eliminar deficiencias, que tus alumnos presenten en las ecuaciones y desigualdades. Claro que sólo será eliminada la duda que esté relacionada con el contenido de este librito muy parco en esencia, que como podrás ver, se enfoca a que el alumno se forme el hábito de comprobar siempre si la ecuación o inecuación que resolvió es correcta. Si ahora, con razón o no, inicio hablando mal de los alumnos, diría que este librito nace para evitar la insistente consulta al profesor, que por vía rápida quieren que revise sus cuentas, en vez de aplicar herramientas que les ayude a salir del apuro en ausencia de su mentor. Pero si como "abogado del diablo" voy en defensa de ellos con la interrogante: ¿conocen la herramienta? Es muy probable que no, pues la instrucción para comprobar la solución de ecuaciones y de inecuaciones, los libros de texto la tienen como terreno olvidado y el programa de estudio de la materia en su escuela no la contempla. Bien, pues para nuestros "santos alumnos", este librito nace precisamente por la razón de suplir una carencia de herramientas que tú como profesor, quizá no les has dado y por el gusto de compartirles una instrucción que me fue muy útil en mi educación básica.

Profesor, mil gracias por tu atención.

Atentamente:

Severo Verdugo De Santos

Contenido

OBJETIVO GENERAL.

Aprenderás a <u>comprobar</u> si la solución de una <u>ecuación</u> o de una <u>inecuación</u> es correcta o incorrecta, en base a:

1) El significado del signo "igual" $(=)$ en las ecuaciones.

2) El significado de los signos

"menor que" $(<)$

"mayor que" $(>)$

"diferente de" $(\neq)$

"menor o igual que" $(\leq)$

"mayor o igual que" $(\geq)$ en las inecuaciones.

OBJETIVOS ESPECÍFICOS:

- Aprenderás a <u>identificar</u> a simple vista:
  Una ecuación.
  Los miembros de una ecuación.

- Sabrás de lo útil que es <u>comprobar</u> la solución de una ecuación.

- <u>Comprobarás</u> la solución de las ecuaciones.

- <u>Identificarás</u> a simple vista:
  Una inecuación.
  Los miembros de una inecuación.

- Sabrás de lo útil que es <u>comprobar</u> la solución de una inecuación.

- <u>Comprobarás</u> la solución de las inecuaciones.

- <u>Identificarás</u> a simple vista:
  Inecuaciones que también son ecuaciones.

- <u>Comprobarás</u> la solución de las inecuaciones que también son ecuaciones.

1 LAS ECUACIONES A SIMPLE VISTA.

Aprenderás a:
identificar una ecuación.

¡Pero primero... paso a pasito!.

¿Recuerdas qué es una ecuación?...

¿Cómo sabremos que nos "enfrentamos"a una ecuación o a ecuaciones?.

¡Mmmm...! ¿muy rudo el interrogatorio?.

Con un "vistazo rápido",seguro que recordarás lo que se te cuestiona.

¡Aquí va, sujétate bien!

> **Las siguientes expresiones matemáticas son ecuaciones.**
>
> $$ax^2 + bx = 8 \qquad x + 2 = z^2 \qquad y = x - c$$

Nota que en tales expresiones se ha resaltado en color el signo de igual que existe en ellas.

¿Ahora sí ya tienes la respuesta?.

Entonces, ¿qué debes buscar en una expresión matemática para nominarla ecuación?.

A simple vista, identificarás una ecuación por el signo de igualación. ¡Así de sencillo!.

"¡Va de nuez!",nota que la siguiente expresión algebraica también es una ecuación.

$$3x^2+8x+4 = 0$$

¡Ops ! ¿Sólo por el signo de igualación?

¡Sí, sí, con confianza!, ya no dudes.

Tu compromiso es saber interpretar el signo "=" (igual).

¿No percibes el mensaje de la ecuación?.

¿Mensaje?¿Cuál mensaje?

Sí, fíjate qué se indica a la izquierda del signo igual y qué se indica a la derecha del mismo.

El signo "=" es el "mensajero" de que algo se "ecualiza" (se iguala) con "otro algo". Aquí con $3x^2+8x+4$ informa que se iguala con cero.

Anda, intenta desglosar el mensaje de esta ecuación.

Es fácil, analiza lo siguiente:

A la izquierda del signo se indica una suma y a su derecha está el cero. Por lo tanto el mensaje es:

La suma de los tres términos **…resultará…** *cero.*

$$3x_2 + 8x + 4 = 0$$

(equivale a…) **(es igual a…)**

Aquí va otro ejemplo: $-2x + 7 = y - 4$

A la izquierda del signo se indica una suma.
A la derecha del signo se indica una resta.

Por lo tanto, el mensaje es:

Al sumar los dos términos **…resultará lo mismo que…** *…la resta de estos dos términos*

$$-2x + 7 = y - 4$$

¿Sabes que me preocupan las cosas tan sencillas?

Entonces, sin más preámbulo, no olvides que:

Un signo de igualación bastará para que no dudes de que "eso que ves" "huele" a ecuación.

¡He dicho!

Yo, Severo Verdugo, tu querido profesor, te pregunto: ¿Entendiste bien esta primera lección? … Je,je…espero que sí.
Si no… ¡no sigas y repasa la lección!

2 LOS MIEMBROS DE UNA ECUACIÓN

Aprenderás a:
identificar los miembros de una ecuación.

Igualmente, de forma simple debes entender que, en una ecuación, todo lo que esté a la izquierda del signo "$=$" integra el primer miembro de la misma; así, lo que esté a la derecha de tal signo forma el segundo miembro.

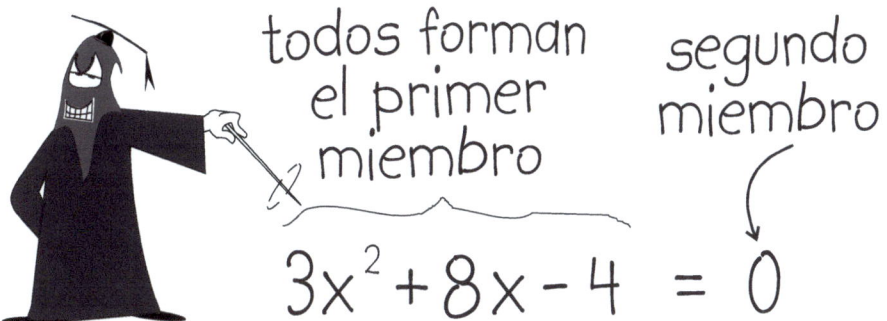

todos forman el primer miembro — segundo miembro

$$3x^2 + 8x - 4 = 0$$

Miembros de una ecuación.

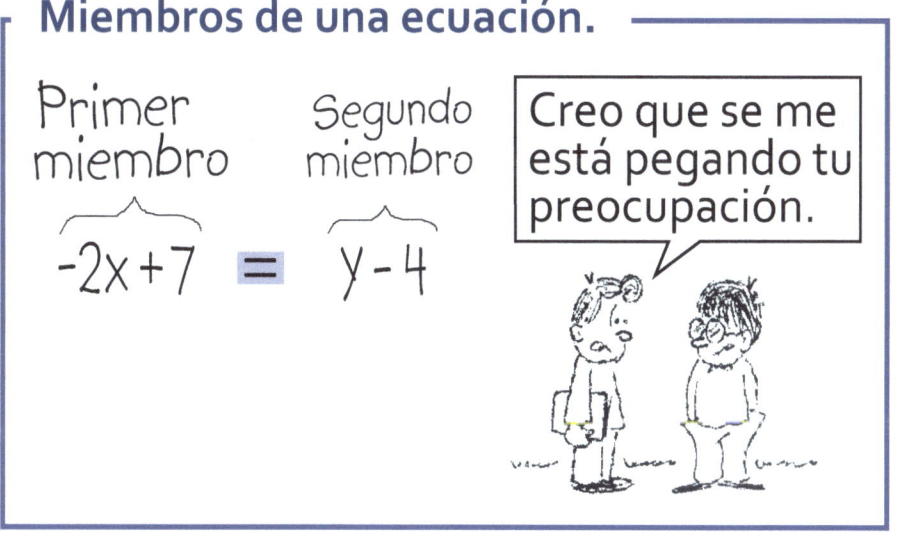

Primer miembro — Segundo miembro

$$-2x + 7 = y - 4$$

Creo que se me está pegando tu preocupación.

3 LA PROPIEDAD DE IGUALDAD

(COMPROBAR LA SOLUCIÓN DE LAS ECUACIONES)

Se te inducirá a:
comprobar siempre el resultado de cada ecuación que resuelvas.

¿Tu profe te exige comprobar cada ecuación que resuelves?

¿ Lo hago para amargarte la vida...?
¡ Sí, digo, NO ! ...

¡Lo hago para que <u>verifiques</u> si la ecuación que resolviste <u>está bien resuelta</u>!

También lleva el propósito de que veas que lo que existe a la izquierda del signo de igual es equivalente a lo que existe a la derecha del mismo.

Por ejemplo, en la siguiente ecuación:

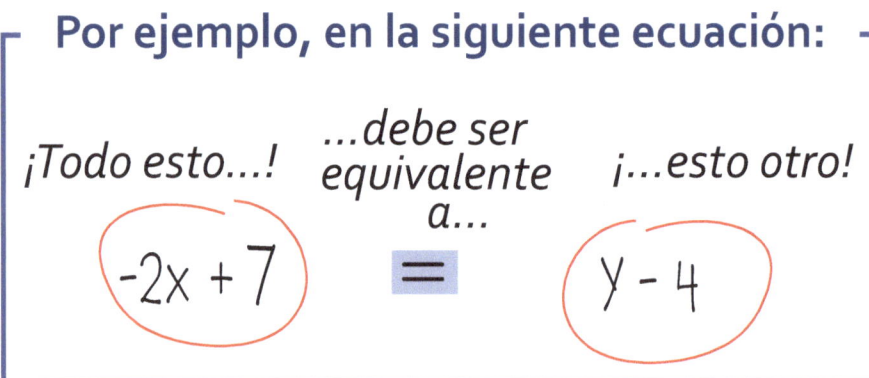

¡Todo esto...!   ...debe ser equivalente a...   ¡...esto otro!

$$-2x + 7 = y - 4$$

$5x - 4 = 6$

... quiero que "sientan" esa propiedad o...
...virtud que tienen las ecuaciones.

¿A qué propiedad me refiero, yo tu querido profesor?.

¡A la propiedad de igualdad!, ni más ni menos.

¡...porque también quiero que no estén "moliendo" a cada rato con la pregunta:
Profe, ¿resolví bien la ecuación?

¡...Yo, tu querido profesor te lo digo con mucha razón! :

Acostúmbrate a aplicar esta propiedad de la igualdad cada vez que resuelvas ecuaciones.

Sacúdete la flojerita
Sacúdete la flojerita

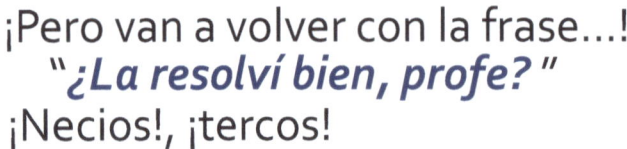

¡Pero van a volver con la frase…!
"¿La resolví bien, profe?"
¡Necios!, ¡tercos!

¿Pero por qué tanta insistencia?.

Porque quizá no ves lo útil que es aplicar esta propiedad.

Esta propiedad te informará si está correcta o no la ecuación que resolviste. ¡Así de tajante!.

¿Te da "flojerita" verificar la <u>propiedad de igualdad</u> cada vez que resuelves una ecuación?.

¡Si te confías y no la aplicas puede que… ¡ñññac!, cuello.

¡Sí, ya en serio, corres el riesgo de reprobar!

Así, entonces:

Una razón más para que te formes el hábito de comprobar si hay ecuación en tu solución es cuando tu ecuación resuelta es una ecuación de examen.

En resumen:

Comprobar la propiedad de igualdad en una o más soluciones en tus ecuaciones, es obvio que te ayuda a darte cuenta a tiempo si cometiste algún error.

O al contrario...
¡que todo salió perfecto!.

¡Je, je!, ¿verdad que te conviene acostumbrarte a ello?.

4 VERIFICAR SI SE CUMPLE LA PROPIEDAD DE IGUALDAD.

Aprenderás a:
concretar la veracidad de una ecuación, es decir, a comprobar su correcta solución.

¿Y cómo es este proceso...?
A grandes rasgos se te ilustra como sigue:

> Debes verificar que resulten dos cantidades iguales en los dos lados del signo igual.

¿Es obvio, no?

Claro, si no, no existe la ecuación de los dos miembros.

¿Cómo se empieza este proceso?.
¡Haciendo una sustitución!
Aquí va. Supón que resolviste la ecuación:

$3X+Y=5C-4$ y te resultó:

$Y=3$, $C=2$ y $X=1$

Los resultados los compruebas como sigue:
Primero sustituye las incógnitas por sus resultados en la ecuación o ecuaciones de origen.
Te lo indico en el pizarrón.

Sustituyes las incógnitas Y, C y X por los valores sustitutos 3, 2 y 1 respectivamente en:

$$3X + Y = 5C-4$$
$$3(1)+(3)=5(2)-4$$
$$3+3=10-4$$
$$6 = 6$$

¡Se ha comprobado la igualdad! Significa que $Y=3$, $C=2$ y $X=1$ son resultados correctos para tu ecuación.

¡La ecuación está bien resuelta!.

Qué emoción...

Suponemos que sí cuando te dan bien los resultados. ¿O no?.

Considera que en vez de $Y=3$, $C=2$ y $X=1$ te hubiera resultado $Y=3$, $C=2$ y, $X=5$ en un examen y no comprobaste tu resultado...

PLINC

¡Exacto!, la "flojerita" por no comprobar es una negligencia de tu parte.

Imagina ahora que <u>sí comprobaste</u> los valores anteriores 5, 3 y 2 de X, Y y C respectivamente; entonces el resultado de la verificación sería tal como se te indica enseguida:

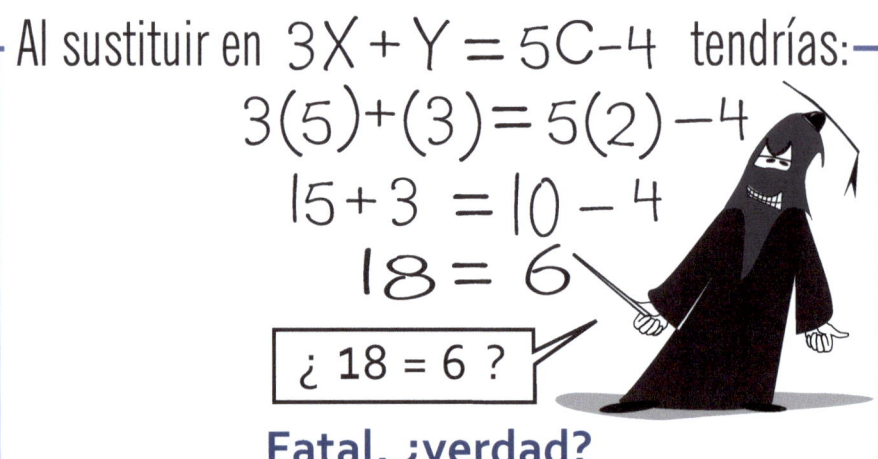

Al sustituir en $3X + Y = 5C - 4$ tendrías:

$$3(5) + (3) = 5(2) - 4$$
$$15 + 3 = 10 - 4$$
$$18 = 6$$

¿ 18 = 6 ?

Fatal, ¿verdad?

¡Señal de que la ecuación no está bien resuelta!.

Un último sencillo ejemplo, sería la ecuación:

$$2X - 1 = 7$$

¿Cuál de los tres valores de X es la solución?

$$¿X = 5? \quad ¿X = 4?, \quad o \quad ¿X = 2?$$

¡...de tin marín de do pingüé, cúcara, mácara, títere fue, yo no fuí, fue Teté, pégale, pégale que ésta fue!

¡Claro está que le podrías atinar!, pero aplica el proceso que se te explicó y no le vas a errar. Las comprobaciones serían:

Para $X = 5$
$$2X - 1 = 7$$
$$2(5) - 1 = 7$$
$$10 - 1 = 7$$
$$9 = 7$$
¿9 = 7?

Para $X = 4$
$$2X - 1 = 7$$
$$2(4) - 1 = 7$$
$$8 - 1 = 7$$
$$7 = 7$$
¡7 = 7!

Para $X = 2$
$$2X - 1 = 7$$
$$2(2) - 1 = 7$$
$$4 - 1 = 7$$
$$3 = 7$$
¿3 = 7?

¿Comprendes que $X = 4$ es el valor solución?

AHORA TÚ

<u>Comprueba</u> que el valor de $X=3$
<u>es solución</u> de las cuatro ecuaciones.

a) $X^2 + 7X + 10 = 40$ b) $X^2 - 18X + 81 = 36$

c) $3(X+2) - X = 12$ d) $X^3 - \dfrac{2}{X} + X = \dfrac{88}{3}$

<u>Comprueba</u> que el valor de $X=5$ y de
$Y=7$ son <u>solución</u> de las dos ecuaciones.

a) $5X - 2Y = 11$ b) $2X - 3Y = -11$

<u>Comprueba</u> que el valor de $X=5$, $Y=1$
y $Z=3$ <u>son solución</u> de las ecuaciones:

a) $2X - 8Y - 4Z = -10$
b) $X - 4Y = -5 + 2Z$
c) $-5X + 10Y + 5Z = 0$
d) $2Y + Z = X$
e) $-4X + 15Y + 2Z = 1$
f) $-2Z + 1 = -4X + 15Y$

Aprenderás a:
identificar una inecuación.

Las INECUACIONES también son conocidas como:
■ NO ECUACIONES o como DESIGUALDADES.

Son fáciles de identificar también con signos que de seguro conoces.

Sin misterios apliquemos el dicho de:
"Para muestra, basta un botón" para ilustrar acerca de modelos de ellas.

Con las mismas expresiones matemáticas anteriores, pero como no ecuaciones:

$$ax^2 + bx < 8 \qquad x + 2 > z^2 \qquad y \neq x - c$$

¿Qué las hace NO ECUACIONES?

¿Por ya no tener el signo de igual?

¡Tan simple como eso!

Los signos $<$, $>$ y $\neq$ son la clave para diferenciar una ecuación de una inecuación.

Veamos su traducción al aplicarlos.

Traducir: $ax^2 + bx < 8$

Traducción: "Sumarle bx a ax^2 debe resultar menor a 8"

Podrías haber dado otra traducción equivalente.

Lo importante aquí, es que comprendas que todo lo que esté a la izquierda del signo $<$, llanamente nos informa que debe resultar menor a lo que resulte o esté a la derecha de tal signo.

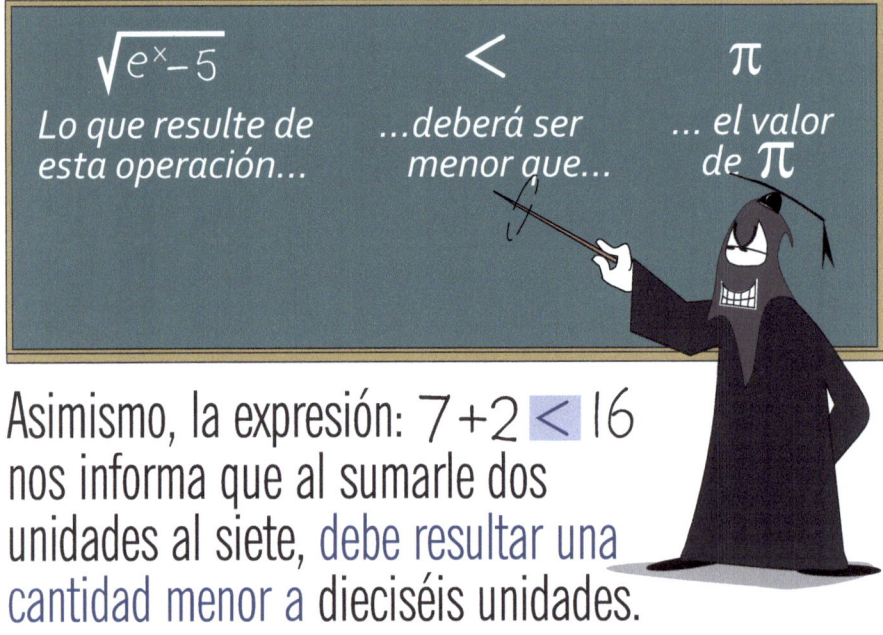

$$\sqrt{e^x - 5} \qquad < \qquad \pi$$

Lo que resulte de esta operación…   *…deberá ser menor que…*   *… el valor de π*

Asimismo, la expresión: $7 + 2 < 16$ nos informa que al sumarle dos unidades al siete, debe resultar una cantidad menor a dieciséis unidades.

Otro ejemplo pero con el signo "mayor que" es
$x+2 > z^2$ y se interpreta como sigue:

$$x+2 \qquad > \qquad z^2$$

Lo que resulte de   *...deberá ser*   *... el cuadrado*
esta operación...   *mayor que...*   *de* z

Finalmente ejemplifiquemos para el signo: $\neq$

Este signo, menos despreocupado que los signos
anteriores ($<$ y $>$), tajantemente nos dice...

> ¡Lo que resulte en mi izquierda debe ser
> diferente de lo que resulte en mi derecha...!
> ¡ y no le busques más !

$\neq$ **¡Sin "medias tintas" el chico, ¿eh?!**

El ejemplo es: $x+2 \neq x-c$

$$x+2 \qquad \neq \qquad x-c$$

¡ no le busques más !

Lo que resulte   *...será*   *... el resultado*
de esta suma...   *distinto a...*   *de esta resta.*

¡Así aceptemos la "personalidad" de este signo!
Casos muy simples con números serían:

$$2 \neq 8 \qquad 5+4 \neq 6+2 \qquad \sqrt{8} \neq 8$$

Y así, inventa, inventa...

6 LOS MIEMBROS DE UNA INECUACIÓN

Aprenderás a:

identificar los miembros de una inecuación.

Recuerda que una ecuación se compone de un primer miembro y un segundo miembro. Lo mismo ocurre en una inecuación.

Miembros de una inecuación.

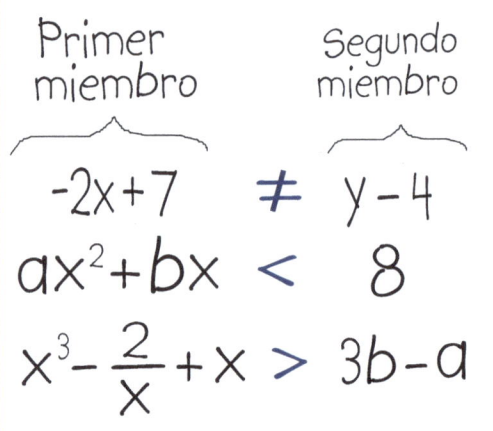

$$-2x+7 \neq y-4$$
$$ax^2+bx < 8$$
$$x^3-\frac{2}{x}+x > 3b-a$$

Beto, esos libros de mate... ¿los llevas a quemar o los pediste en la biblioteca?

Que no se me olvide, que no se me olvide: Primer miembro es todo lo que esté a la izquierda, segundo miembro es todo lo que esté a la derecha.

(COMPROBAR LA SOLUCIÓN DE LAS INECUACIONES)

Se te inducirá a comprobar siempre el resultado de cada inecuación que resuelvas.

Contrario a la Propiedad de la Igualdad en las ecuaciones, las inecuaciones tienen la Propiedad de la desigualdad. Muy obvio, ¿no?.

Virtud o propiedad de la Ecuaciones y las Inecuaciones.

$$-2x + 7 = y - 4$$
$$8 < ax^2 + bx$$
$$x + 2 > z^2$$
$$bx \neq w + 3$$

¡El signo, mis queridas víctimas, el signo...!

En las inecuaciones, comprobar su solución es también muy útil. La propiedad del signo es lo que debes procurar que se cumpla siempre que resuelvas inecuaciones.

¡No tienes otra salida!

En las no ecuaciones...

Debes verificar que resulten dos cantidades distintas en los dos lados del signo de desigualdad y que concreten la veracidad del signo de la inecuación correspondiente.

¡Me siento amenazado!...

¡Yaa, no llores!. Es una advertencia que nos conviene que hagamos siempre, y más en un examen.

...y además no le entendí a eso de *concretar la veracidad*. Se oye muy "dominguero".

Dice que si compruebas tu inecuación, te debe quedar como te lo dice el signo que tenga la inecuación. Si no, no está bien resuelta.

¡Con ejemplos se te ilustran enseguida estas amenazas... digo, advertencias!.

8 VERIFICAR QUE SE CUMPLA LA PROPIEDAD DE DESIGUALDAD

Aprenderás a <u>concretar</u> la <u>veracidad</u> de las inecuaciones, es decir, a comprobar su correcta solución.

¿En qué consiste este proceso...?

Al igual que en la ecuaciones, el primer paso es, sustituir las incógnitas por los resultados en las inecuaciones de origen. ¡Vamos al ejemplo!

Supón que resolviste la inecuación: $3X+Y > 5C-4$

Quiere decir que cada valor de X de Y y de C que obtengas debe hacer veraz la desigualdad "mayor que" ($>$).

Es decir, debe cumplirse en esa inecuación que lo que resulte del lado izquierdo del signo debe ser mayor que lo que resulte del lado derecho del mismo.

> ¡*Hacer veraz* por aquí, *veracidad* por allá...! ¡Odio esas frases!

¿Es difícil entenderlo?.

Comprobemos que $X=5$, $Y=3$ y $C=1$ son al menos una triada solución para la desigualdad. ¡Vamos a hacerlo!.

Ponemos estos valores $X=5$, $Y=3$, $C=1$

en: $\boxed{3X+Y > 5C-4}$

$$3(5)+(3)>5(1)-4$$
$$15+3 > 5-4$$
$$18 > 1$$

Dieciocho es mayor que uno.

La triada hizo veraz la inecuación. La triada es solución correcta.

Inventemos otra triada de valores:

$X=0$, $Y=7$, $C=2$.

Los hacemos sustitutos en:

$\boxed{3X+Y > 5C-4}$

$$3(0)+(7)>5(2)-4$$
$$0+7>10-4$$
$$7 > 6$$

Entonces la triada: $X = 0$, $Y = 7$, $C = 2$. es una solución correcta

¡Órale...!

Y así, inventa, inventa...

Si ahora pruebas con la triada $X = 2$, $Y = 3$, $C = 9$ y los haces sustitutos en $3X + Y > 5C - 4$

nos resulta: $3(2) + (3) > 5(9) - 4$

$$6 + 3 > 45 - 4$$

$$9 > 41$$

Donde no es cierto que 9 es mayor que 41.

Entonces, la triada: $X = 2$, $Y = 3$, $C = 9$ no es solución de esta desigualdad, pues debe cumplirse (hacer veraz) la exigencia del signo "mayor que..." dado para ella.

¡Como que le quiero entender pero hay algo que no me deja...!

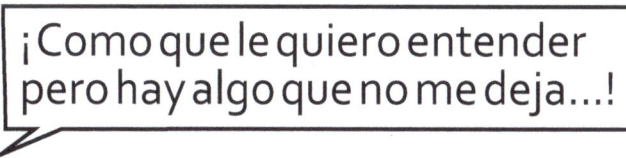

Si el signo de desigualdad fuera el de "menor que"($<$), en la comprobación se debe cumplir ese signo.

Resumiendo entonces con una comparación de mucha ayuda:

EN LA ECUACIÓN:

Debes verificar dos cantidades iguales en los dos lados del signo igual.

EN LA INECUACIÓN:

Debes verificar dos cantidades distintas en los dos lados del signo de desigualdad y además que concreten lo cierto del signo ($<$, $>$ ó $\neq$) de la inecuación.

Pues de aquí en adelante acostumbrarse a comprobar ecuaciones e inecuaciones.

Sí, porque $4 < 10$ en calificación.

AHORA TÚ

Comprueba que el valor de $X=5$ es solución de las cuatro inecuaciones.

a) $X^2+7X+10>40$

b) $X^2-18X+81\neq36$

c) $3(X+2)-X<21$

d) $X^3-\dfrac{2}{X}+X>\dfrac{88}{3}$

Comprueba que el valor de $X=2$ y de $Y=7$ no son solución de las dos inecuaciones.

a) $5X-2Y>11$

b) $2X-3Y\neq-17$

Comprueba si el valor de $X=3$, $Y=9$ y $Z=4$ son solución de las seis inecuaciones.

a) $2X-8Y-4Z>-10$

b) $X-4Y<-5+2Z$

c) $-5X+10Y+5Z<0$

d) $2Y+Z\neq X$

e) $-4X+15Y+2Z\neq1$

f) $-2Z+1>-4X+15Y$

Contesta la petición de cada inciso para :
$$3x-y^2>2w^3+2$$

a) ¿Las cantidades que se den a x, a y, a w...¿deben cumplir que $2w^3+2$ sea menor que $3x-y^2$?

b) ¿Un valor de $X=2$, $Y=1$, $W=2$ cumplen la exigencia de la expresión algebraica? Realiza operaciones y concluye a partir de tu resultado.

c) ¿Un valor de $X=2$, $Y=1$, $W=0$ cumplen la exigencia de la desigualdad? Compara con tu respuesta anterior.

9 INECUACIONES QUE TAMBIÉN SON ECUACIONES

Aprenderás a identificar una inecuación que también es ecuación.

¿Inecuaciones que también son ecuaciones...? ¿Y si mejor te doy dinero para que vayas al cine con tus cuates?

El "truco" para "detectar" estas "raras" formas matemáticas es identificando alguno de los siguientes signos en ellas: $\geq$ y $\leq$
También representados como $\geqslant$ y $\leqslant$

Dos ejemplos son:
$$X + 2 \geq X - C$$
$$W + 5 \leq \sqrt{X - 3}$$

¡Son exactamente los que iba yo a decir!

El nombre para estos signos es:
"Mayor o igual que..." para $\geq$
"Menor o igual que..." para $\leq$

¡Lo sospeché desde un principio!

¿Qué información nos da cada uno de estos signos?

Basémonos en $x+2 \geq x-c$

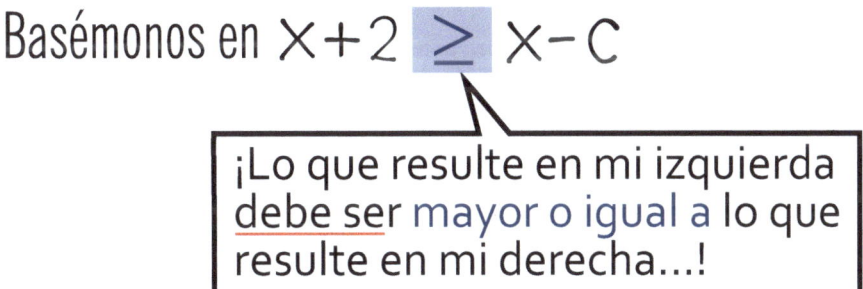

¡Lo que resulte en mi izquierda debe ser mayor o igual a lo que resulte en mi derecha...!

Por ejemplo, si $x+2$ resultara 8 y ... $x-c$ resultara 3, entonces $8 > 3$ cumple con la exigencia de $\geq$.

Pero si $x+2$ y $x-c$ ambos resultaran 5, entonces $5=5$ también cumpliría para $\geq$.

¿Y para el signo $\leq$, qué información te daría?. Toma de base a $w+5 \leq \sqrt{x-3}$

¡Yo, profe !
¡Yo, profe !

Lo que resulte de $w+5$ debe ser menor o igual a lo que resulte de $\sqrt{x-3}$

¡ Entonces, ya entendido, viene lo más bueno... !

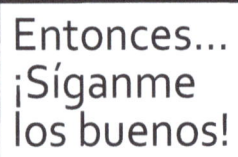

Entonces... ¡Síganme los buenos!

Las expresión matemática que se te ilustró con el signo $\geq$ es como si tuvieras una inecuación y una ecuación a la vez. Para el signo $\leq$ aplica también esta idea.

$\geq$ es $>$ y $=$ al mismo tiempo.

$W+5 \leq \sqrt{X-3}$

es como si tuvieras:

$W+5 < \sqrt{X-3}$

y

$W+5 = \sqrt{X-3}$

$X+2 \geq X-C$

es como si tuvieras:

$X+2 > X-C$ y

$X+2 = X-C$

Con $\leq$ tengo $<$ y $=$ al mismo tiempo.

Tú sí sabes

VERIFICAR QUE SE CUMPLA LA PROPIEDAD DE LOS SIGNOS $\geq$ y $\leq$ EN EXPRESIONES QUE LOS CONTENGAN.

Aprenderás a <u>comprobar</u> la solución de las inecuaciones que también son ecuaciones.

La pregunta obligada es: ¿En qué consiste este proceso...? En sustituir las incógnitas por los resultados. ¿Dónde?.

En las expresiones de origen tal como se hace en las ecuaciones y en las inecuaciones. ¡Vamos a un ejemplo!.

La expresión 3X $\geq$ 24 cuando se resuelva, debe <u>cumplirse</u> lo que exige el signo $\geq$

Lee la expresión y te dirá:

> Ah sí, ya me sé esa cancioncita.

3X	$\geq$	24
Lo que resulte de esta operación...	*...deberá ser mayor o igual a...*	*... veinticuatro*

Ahora, sin resolver para X, asígnale el valor que gustes.

¡Mmm...!, ¡me gusta el diez que tengo de Matemáticas!

Bien, probemos con $X = 10$

Ahora sustituye a equis por el valor diez y haz operaciones.

¡Ya !, ¿y ahora qué...?

$$3X \geq 24$$
$$\downarrow$$
$$3(10) \geq 24$$
$$30 \geq 24$$

Que del signo $\geq$ se está cumpliendo la parte $>$ de la exigencia $>$ ó $=$.

¡ 30 es mayor que 24 !

Ahora, en vez de 10, prueba con $X = 8$

$$3X \geq 24$$
$$\downarrow$$
$$3(8) \geq 24$$
$$24 \geq 24$$

¡ 24 es igual a 24 !
Se está cumpliendo la parte $=$ de la exigencia $>$ ó $=$ del signo $\geq$.

¡Ya le agarré la onda !

Si comprendes la frase "mayor o igual que" verás que aparte de $X = 8$, valores mayores a 8 también cumplen con la exigencia del signo $\geq$ para $3X \geqslant 24$.

Prueba con valores menores a 8 y notarás que no se cumple con la exigencia del signo $\geq$. Prueba con $X = 5$.

$$3X \geqslant 24$$
$$3(5) \geqslant 24$$
$$15 \geqslant 24$$

¿15 es mayor a 24?

Parece magia ¿No crees?

Mmm... Sí, algo así.

AHORA TÚ

Comprueba que los valores $X=3$ y $X=20$ satisfacen la expresión $7X-10 \geqslant 11$ pero no a $X^2+2X+1 \leqslant 0$.

Comprueba que $X=6$ no **satisface** a $3(X+2) \leqslant 21$ pero sí $X=-2$ y $X=0$.

Comprueba si el valor de $X=9$, $Y=4$ y $Z=3$ son solución de las seis expresiones.

a) $2X-8Y-4Z \geqslant -10$

b) $X-4Y \geqslant -5+2Z$

c) $-5X+5Y+10Z \leqslant 0$

d) $2Y+Z \geqslant X$

e) $-4X+2Y+15Z \geqslant 1$

f) $-2Z+X \leqslant -41+15Y$

EN CIENCIAS BÁSICAS

Asesorías en Libritos

www.ingramcontent.com/pod-product-compliance
Lightning Source LLC
Chambersburg PA
CBHW041207180526
45172CB00006B/1214